DÉCOUVERTE D'UN SINGE

D'APPARENCE ANTHROPOÏDE

EN AMÉRIQUE DU SUD,

PAR

Le Docteur George MONTANDON.

Extrait du *Journal de la Société des Américanistes de Paris,*
Nouvelle Série, t. XXI, 1929, p. 183-195.

AU SIÈGE DE LA SOCIÉTÉ,
61, RUE DE BUFFON, 61.

1929

SOCIÉTÉ DES AMÉRICANISTES DE PARIS

Les communications concernant la rédaction et les demandes d'adhésion à la Société doivent être adressées à M. le Dr Rivet, secrétaire général, au siège de la Société, 61, rue de Buffon, Paris, les cotisations à Monsieur le Marquis de Créqui-Montfort, trésorier, 166, boulevard Bineau, Neuilly-sur-Seine Seine), compte de chèques postaux N° 507 30.

Abonnement d'un an : 60 francs.

Prix de chaque tome : 60 francs (à l'exception des tomes suivants de la nouvelle série : t. III : 130 fr. ; t. X : 160 fr. ; t. XIII : 130 fr.).

Les fascicules 2 du tome III, 1 du tome X, 2 du tome XI et 1 du tome XIII ne sont plus livrés que réimprimés (fac-similé), au prix de 100 fr. chacun. La collection complète (tome XIX inclus) est vendue : 1780 fr.

DÉCOUVERTE D'UN SINGE D'APPARENCE ANTHROPOÏDE EN AMÉRIQUE DU SUD,

PAR

Le Docteur George MONTANDON.

Extrait du *Journal de la Société des Américanistes de Paris,*
Nouvelle Série, t. XXI, 1929, p. 183-195.

AU SIÈGE DE LA SOCIÉTÉ,
61, rue de buffon, 61.

1929

DÉCOUVERTE D'UN SINGE D'APPARENCE ANTHROPOÏDE EN AMÉRIQUE DU SUD,

Par le Docteur George MONTANDON.

(Planches IV et V).

La découverte que relatent ces lignes, si elle se confirme, ne sera pas sans conséquences dans le domaine zoo-anthropologique ; elle obligera à reviser certaines théories, elle soutiendra d'autres théories nouvelles [1].

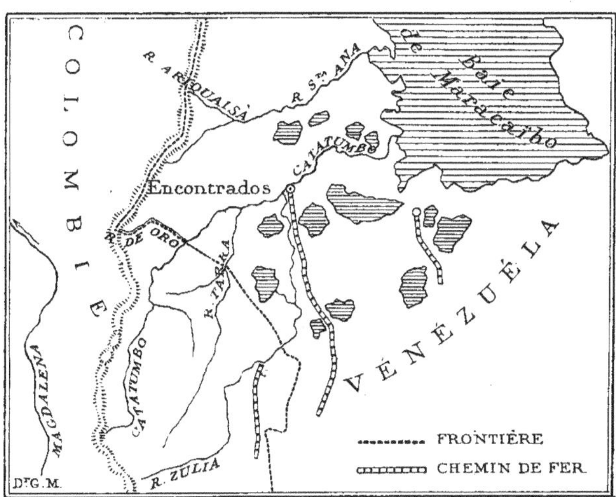

Carte 10. — La région du rio Tarra.

Mais il ne sera pas fait ici d'incursion dans le domaine spéculatif. L'exposé du fait nouveau suffira.

En 1917, M. François de Loÿs, Docteur ès sciences, élève de Lugeon, se

1. Cf. note 1, p. 192.

rendit en qualité de géologue au Venezuela. Il y demeura plus de trois ans, parcourant en divers sens les territoires baignés, si l'on va du Nord au Sud, par le rio Santa-Ana et son affluent le rio Ariquaisà, par le Catatumbo et ses affluents le rio de Oro et le rio Tarra, enfin par le rio Zulia (voir la carte). Ces territoires, couverts de forêts, étaient moins parcourus, surtout à cette époque, que les régions limitrophes du Venezuela et de la Colombie, du fait de la nocivité du climat de la zone entourant la lagune de Maracaïbo ; ils sont même en bonne partie vierges de tout pied européen et sont habités par les Indiens Motilones, nullement assimilés et vivant sur un pied constant de défense vis-à-vis des Blancs. C'est dans les profondeurs encore impénétrées de ces forêts que se lança de Loÿs.

Du point de vue géologique, l'expédition ne fut pas sans succès. Du point de vue proprement « expéditionnaire », elle fut moins plaisante, car de Loÿs ne ramena que quatre hommes parmi la vingtaine de ceux qui étaient partis avec lui, les autres étant restés en route, tués par les fièvres ou par les Motilones ; blessé lui-même d'une de leurs flèches, il eut du reste l'impression d'être constamment épié par eux, même lorsqu'ils ne faisaient pas remarquer leur présence. Du point de vue scientifique enfin, point de vue imprévu, l'expédition rapporta un document du plus haut intérêt, qui est la raison de ces lignes.

Ce document est unique, non seulement en ce sens qu'il signale un fait absolument nouveau, mais malheureusement aussi en ce sens qu'il n'est pas accompagné de pièces anatomiques. Dans les circonstances, dont le détail suit, de Loÿs a tué un grand singe inconnu. Aussitôt après, il l'assit sur une caisse et le photographia.

A la vérité, l'animal fut dépouillé et le crâne conservé. M. de Loÿs le confia au « cuisinier » de l'expédition. Celui-ci le convertit en réservoir à sel. Mais l'humidité et la chaleur produisirent une dissolution qui en fit sauter les sutures. Comme M. de Loys n'avait, après tout, pas de préoccupations zoologiques, comme l'expédition passait par des heures qui la mettaient tout entière en danger, il n'y a pas à s'étonner que les fragments craniens aient été perdus. Cependant, M. de Loÿs, sachant parfaitement que son observation était nouvelle, conserva longtemps la mandibule, qui finit à son tour par disparaître au cours des péripéties de l'expédition. Il reste donc la photographie. Celle-ci paraît suffisante — M. le professeur Bourdelle, dans le ressort duquel se trouve la belle collection de singes vivants du Jardin des Plantes, est de notre avis du point de vue morphologique — paraît suffisante, dis-je, pour affirmer l'existence actuelle d'un grand singe inconnu en Amérique du Sud.

Le fait que le document n'est livré qu'aujourd'hui à la publicité néces-

A. — Forêt du Tarra. Survivants de l'expédition
au " Campamento Lovereis ".

B. — Région de la source du Río de Oro.
Grande construction des Motilones
leur servant d'arsenal.

C. — La même construction,
de profil.

D. — Un angle de la même
construction, avec porte
d'entrée.

site maintenant une explication personnelle. Dans le même temps où mon ami de Loÿs se trouvait au Venezuela, je me rendais, par les États-Unis et le Japon, en Sibérie. Nous restâmes en communication et mon plan premier était de passer, au retour, le voir au Venezuela. Cependant, les circonstances de ma mission furent telles que j'eus à rester en Extrême-Orient, ce qui, du reste, me permit de visiter les Aïnou [1], ainsi que de traverser les territoires russes de part en part, un record pour l'époque, de Vladivostok à Riga. C'est lorsque nous revînmes en Europe que j'eus connaissance des documents rapportés par de Loÿs, mais comme son tempérament ne le porte pas à faire parade de ce qu'il peut avoir vu ou découvert, comme il réserve ses aventures à lui-même, à ses proches et à ses amis, il est bien probable que le document en question n'aurait jamais vu le jour si je ne lui avais demandé de pouvoir le publier et s'il ne m'y avait autorisé. De mon côté, si je n'ai jamais parlé, même dans des conversations, de ce document, c'est que je comptais sur la possibilité de me rendre un jour dans la région en discussion et de rencontrer aussi le grand singe d'Amérique. Je vois maintenant, même après mes publications sur l'anthropologie des Aïnou et sur l'ologenèse humaine, que je dois renoncer à ce projet..... et il ne me reste qu'à souhaiter que d'autres le puissent réaliser.

*
* *

Les figures de la planche IV situent le récit. Elles sont tirées de l'album personnel de photographies de M. de Loÿs, où se trouve aussi la photographie du singe. Trois de ces figures représentent une hutte immense des Motilones, à la source du rio de Oro, jouant le rôle d'arsenal, et à l'intérieur de laquelle se trouvaient, réunies en faisceaux, plusieurs milliers de flèches. La grande dimension de la hutte est particulièrement appréciable dans la figure où se distingue la porte d'entrée, porte basse il est vrai [2]. La quatrième figure représente un arrêt des survivants de l'expédition, au « campement Lovereis », dans la même forêt du Tarra où fut tué le singe.

---

1. Voir : 1927. *Au pays des Aïnou. Exploration anthropologique.* Paris, Masson, in-8°, viii-241 p., 3 cartes, 115 fig., 4 graph. plus 49 planches hors texte.

2. Le professeur Rivet ayant bien voulu attirer notre attention sur l'article suivant : WILLCOX, H. CASE. 1921. *An Exploration of the Rio de Oro, Colombia-Venezuela* (New York, The American Geographical Society), *The Geographical Review*, t. 11, p. 372-383, 5 fig., plus 1 carte hors texte, nous remarquons ce qui suit. L'exploration Willcox, quoiqu'elle crût être la première à avoir suivi le rio de Oro sur tout son cours, fut conduite d'octobre à décembre 1920, c'est-à-dire postérieurement à

Voici maintenant les circonstances dans lesquelles le fait se produisit. M. de Loÿs se trouvait au campement, sur une berge, à un coude d'un affluent de gauche du rio Tarra supérieur. Il entendit du bruit dans les arbres et fit quelques pas en avant. Il fut alors frappé d'entendre que le bruit ne venait pas du faîte, comme c'était toujours le cas lorsqu'il s'agissait des singes-araignées, ainsi qu'on appelle le brachytèle et les atèles de la forêt américaine. Tout à coup, il voit s'avancer deux êtres qu'il prend d'abord pour des ours[1]. Ses compagnons et lui sautent sur leurs carabines prêts à recevoir· le couple. Les deux animaux continuent à avancer, debout mais en se tenant aux arbustes, et cela dans un état de furie extrême, criant, gesticulant, cassant des branches et les maniant comme des armes, excrémentant enfin dans leurs mains et jetant ces excréments contre les hommes[2]. Le mâle, qui était en avant, laissa passer la femelle, de sorte que c'était celle-ci qui s'avançait la première, quand le feu de salve des hommes la cloua sur place ; le mâle se retira alors et ne se montra plus. La bête tuée fut transportée sur la berge et aussitôt photographiée. Il est à remarquer qu'elle représentait, non pas peut-être pour les Motilones sauvages, mais pour les compagnons créoles du chef de l'expédition, une apparition tout à fait nouvelle.

Quand on se reporte à la planche V, le premier caractère qui frappe est la stature du singe. Il est assis sur une caisse contenant des récipients

l'expédition de Loÿs, lequel, il est vrai, ne publia rien. Deux des photographies Willcox intéressent à titre de comparaison. L'une représente des paquets de flèches, démontrant leur abondance. L'autre représente une grande hutte, vue à distance tout comme sur une de nos figures. Dans le texte, l'auteur dit avoir rencontré quatre de ces huttes (dont deux de construction récente) ; la tournure de phrase n'est pas parfaitement claire (p. 379), mais on pourrait croire que les quatre huttes étaient l'une à côté de l'autre, ce qui serait surprenant pour de si grandes constructions. Les photographies ne sont pas de Willcox, semble-t-il, mais lui ont été cédées par le « Carib Syndicate », un syndicat pétrolier vraisemblablement.

1. La forêt sud-américaine n'a pas d'ours. En utilisant ce terme, le chasseur veut exprimer l'impression ressentie au premier abord. Par ailleurs, on appelle ours, en Amérique du Sud, le grand fourmilier.

2. Le professeur Joleaud nous signale que cette dernière attitude a déjà été observée chez les atèles. Voir ses *Remarques sur l'évolution des primates sud-américains à propos du grand singe du Venezuela* dans la *Revue scientifique illustrée* du 11 mai 1929. L'auteur attribue à l'Amer-anthropoïdé une stature assise de 0 m. 75, alors qu'elle est de 0 m. 87. L'erreur a été corrigée dans les tirés à part. D'autre part, comme M. Joleaud le signale dans cet article pour les atèles, on remarquera que les seins paraissent masqués sous les aisselles chez l'Amer-anthropoïdé. Notons que l'homme peut montrer une réminiscence de cet état ; la figure 137 du *Lehrbuch der Anthropologie* de Rudolf Martin (seconde édition) représente, d'après F. Seiner, une femme hottentote dont les seins, très petits, sont situés au rebord antérieur du creux axillaire.

Amer-Anthropoïdes Loysi (*Montandon*).

d'essence. Selon M. Cintract, photographe, qui en juge d'après le nombre des planchettes composant la paroi en hauteur et leur largeur normale, la caisse aurait une hauteur de 0 m. 50 environ et la bête une stature, du talon au vertex, de 1 m. 50 à 1 m. 60 au moins. D'autre part, les caisses standardisées d'essence ont 0 m. 45 de hauteur et la bête étant d'une stature d'en tout cas 3 fois 1/3 la hauteur de la caisse, cela impliquerait une stature de 1 m. 50, disons de 1 m. et demi. Cependant, l'heureux chasseur l'avait mesurée et avait trouvé 1 m. 57 (ce qui signifie que la stature était en réalité de 3 fois 1/2 la hauteur d'une caisse standardisée de 0 m. 45)[1]. Mais la stature des singes ne se mesure en général pas comme pour l'homme ; la question sera reprise plus loin ; reproduisons ici simplement, quant aux anthropoïdés, les chiffres de la stature, comparable à celle de l'homme, donnés par Heck dans Brehm[2], l'auteur remarquant que chez les singes en général et surtout chez les anthropoïdés, l'écart entre les sexes est très grand :

> gorille : les deux plus grands mâles observés : 2 m. et 2 m. 30[3].
> chimpanzé : mâles jusqu'à 1 m. 70, femelles jusqu'à 1 m. 30.
> orang : mâles passant pour grands : de 1 m. 18 à 1 m. 94.
> gibbon (siamang) : mâles jusqu'à 1 mètre.

On peut donc dire, en schématisant, que le gorille est d'environ deux mètres, le chimpanzé et l'orang d'environ un mètre et demi, le gibbon d'environ un mètre, et que le grand singe d'Amérique est du même ordre de grandeur que le chimpanzé et l'orang[4].

Le second caractère qui frappe chez notre singe, surtout si l'on se dit que la mandibule pend par le relâchement des muscles *post mortem*, c'est l'aspect relativement élevé — dans tous les sens du mot — de la face. Si l'on ne tient compte que de la moitié supérieure du visage, il est certain qu'aucun anthropoïdé n'a un facies aussi humain ; certains singes

---

1. Le chiffre de 1 m. 35, mentionné dans les *Comptes rendus des Séances de l'Académie des Sciences* (*Séance du 11 mars 1929*) (Paris, Gauthier-Villars), reposait sur des souvenirs erronés. M. de Loÿs n'eut l'occasion de rechercher le document où était consigné le chiffre exact (une lettre à sa mère) qu'après la séance du 11 mars. Notons que M. Cintract avait déclaré le chiffre de 1 m. 35 impossible, manifestement trop petit.

2. BREHM, Alfred. 1912-1922. *Die Säugetiere* (Le chapitre des Primates est de Ludwig Heck). Leipzig, Bibliographisches Institut, 4 vol. in-8° illustrés.

3. Le gorille de 2 m. 30 est celui observé, au Gabon, par Brussaux.

4. Le mâle, qui disparut dans le fourré, n'avait pas paru à M. de Loÿs plus grand que la femelle.

de petite stature ont, il est vrai, un facies assez humanoïde, mais cela attire l'attention quand le fait se reproduit sur un individu de grande taille. De plus, par rapport à la stature, la tête de notre singe est plus grande que ce n'est le cas chez les singes-araignées.

Au point de vue du sexe, nous avons affaire à une femelle. En effet, M. de Loÿs est tout à fait affirmatif à ce sujet ; l'appendice pseudo-viril que l'on voit est un clitoris extraordinairement développé. M. Bourdelle nous a fait remarquer à ce propos, aussi bien sur des sujets empaillés que vivants du Jardin des Plantes, que divers cébidés (la grande famille des singes de l'Amérique du Sud), entre autres les atèles, ont parfois le clitoris extrêmement développé, pas autant cependant que notre sujet. Le fait se remarque aussi chez les singes de l'Ancien Monde, mais à un moindre degré que chez ceux du Nouveau Monde.

M. de Loÿs est tout aussi affirmatif quant à deux autres caractères, incontrôlables par la photographie. La bête était sans appendice caudal et céci serait tout à fait nouveau pour l'Amérique. On sait que tous les singes du Nouveau Monde sont munis de queue, préhensile ou non ; chez quelques-uns, l'appendice caudal est court et touffu, mais aucun n'en est dépourvu. D'autre part, la bête aurait eu 32 dents. Il est donc éminemment regrettable que la mandibule, à défaut du crâne complet, n'ait pu être conservée, puisque le manque d'appendice caudal et la formule dentaire rapprochent le sujet, non des singes d'Amérique, mais des singes anthropoïdes de l'Ancien Monde [1].

S'agirait-il d'orangs-outangs, de chimpanzés ou de gorilles qui se seraient sauvés d'une ménagerie ? L'aspect général de l'individu tué exclut cette hypothèse. Pour faire un rapprochement avec les anthropoïdés, il faut combiner leurs caractères ; en effet, comme M. Bourdelle nous le faisait remarquer, le corps ressemble à celui d'un gibbon géant, tandis que les membres sont ceux de l'orang-outang. Cela nous amène à aligner quelques chiffres relatifs aux proportions du corps.

La stature des singes ne se prenant pas comme pour l'homme, du fait entre autres que les membres ne sont pas parfaitement extensibles, elle se mesure principalement de deux façons : ou bien, comme stature assise, du vertex à l'origine de l'appendice caudal (procédé plus profane), ou bien de l'incisure jugulaire du sternum au bord supérieur de la symphyse du pubis (procédé plus technique) [2]. Si l'on part, pour notre sujet, de la

---

1. A la rigueur, 32 dents pourraient provenir du fait que 4 dents n'auraient pas percé, auraient été petites au point de passer inaperçues ou seraient tombées.

2. MOLLISON, Th. 1910. *Die Körperproportionen der Primaten.* (Leipzig) *Morphologisches Jahrbuch,* t. 42, p. 79-304, 91 figures, Mollison utilise naturellement le second procédé.

stature totale de 1 m. 57, cela donne comme stature assise — au-dessus de la caisse — 0 m. 87, stature dépassant celle de toutes les espèces connues du Nouveau Monde ; en effet, le brachytèle peut atteindre, d'après Daniel Elliot[1], 0 m. 61, l'atèle coaita, selon Brehm[2], 0 m. 65. Mais le brachytèle et les atèles ont des membres extrêmement déliés qui leur ont valu leur surnom de singes-araignées, tandis que notre sujet a un torse et des membres mieux développés en proportion de la stature. D'après la robustesse des membres, il se rapprocherait le plus du brachytèle, mais il doit en être séparé complètement, le brachytèle ayant une toison laineuse, tandis que le sujet en question est recouvert de poils. Il est un singe d'Amérique parfois encore plus grand qu'atèles et brachytèle : c'est le *Lagothrix lagotricha* (Humboldt), dont le plus grand individu observé mesurait 0 m. 70 de taille assise. Mais le lagotriche est encore plus différent de notre singe qu'atèles et brachytèle ; il a, comme le dit Heck, une véritable fourrure, sans parler d'une tête quadrangulaire foncièrement différente de celle de notre sujet (une très belle illustration de ce grand lagotriche se trouve dans Brehm, démonstrative de l'absolue dissemblance des deux animaux). En fait — puisque la question du système pileux a été abordée — le singe de Tarra, au poil moins fourni et moins égal que les atèles, se rapproche le plus sous ce rapport de l'orang-outang, par la disposition en touffes longues et irrégulières.

Si nous passons à la mesure antérieure du tronc (sternum-symphyse), nous constatons que cette mesure sur notre sujet correspond exactement à la hauteur de la caisse, soit 0 m. 45 si l'on admet une caisse standardisée. Voici d'autre part les chiffres de cette dimension selon Mollison (pour les Badois, pris comme terme de comparaison, il s'agit d'une moyenne de 100 hommes ; pour les singes, nous avons noté le plus grand sujet de chaque série, les séries comprenant des mâles et des femelles) :

---

1. ELLIOT, Daniel Giraud. 1912. *A Review of the Primates*. New York, « Monographs of the American Museum of Natural History », 3 vol. gd in-8° illustrés.

2. 1re édition, version française : BREHM, A. E. 1891. « Merveilles de la nature », *Les Mammifères*, par Z. Gerbe. Paris, Baillière, 2 vol. in-4° illustrés. Dans sa seconde édition allemande, Brehm ne parle plus de ce coaita de 65 cm., mais en cite un de 1 m. 35 queue comprise, laquelle faisait plus de la moitié, et dont la « hauteur d'épaule » mesurait 0 m. 40. — Le plus grand coaita, empaillé, de la galerie zoologique du Jardin des Plantes (Muséum national d'Histoire naturelle) a 0 m. 54 de stature assise.

HAUTEUR ABSOLUE DU TRONC
de l'incisure jugulaire du sternum au bord supérieur
de la symphyse
(maxima des séries ; les singes d'Amérique sont précédés d'un A)

		cm
	Badois (moyenne de 100 hommes)	52.—
A	Singe du Tarra	45.—
	Cynocéphale ♀ (2 *Choiropithecus anubis*)	41.9
	Chimpanzé ♂ (8)	37.0
	Cynocéphale ♂ (14 *Choiropithecus sphinx*)	36.4
	Cercopithèque ppt dit ♀ (12 *Erythrocebus patas*)	35.1
	Gibbon ♂ (29 *Symphalangus syndactylus*)	33.6
	Orang ♂ (5)	32.5
A	Sajou ♂ (1 *Cebus flavus*)	25.9
	Lémurien ♀ (5 *Lemur macao*)	25.2
A	Atèle ♂ (1 *Ateles hybridus*)	20.4

Les proportions des membres, sur les tableaux qui suivent, sont cal-
culées par Mollison par rapport au tronc antérieur, celui-ci étant mesuré
comme dans le tableau précédent et sa valeur étant ramenée à 100. On
remarquera, pour le membre inférieur, que si notre sujet a une apparence
humanoïde, les atèles ont la proportion la plus proche de l'homme de
tous les singes, anthropoïdes et autres, de l'Ancien et du Nouveau Monde.

RAPPORT DE BRAS PLUS AVANT-BRAS AU TRONC ANTÉRIEUR 100
(les chiffres expriment ici des moyennes)

	Gibbons	(29)	188.8
	Orangs	(5)	160.2
A	Singe du Tarra	env.	146
A	Atèle	(1)	140.0
	Gorilles	(2)	133.5
	Chimpanzés	(8)	122.6
	Badois	(100)	115.9
	Cynocéphales (*Hamadryas hamadryas*)	(9)	111.8
	Macaques (*Nemestrinus nemestrinus*)	(9)	101.6
A	Sajou (*Cebus flavus*)	(1)	92.0
	Cercopithèques ppt dits (*Erythrocebus patas*)	(12)	87.2
	Lémuriens (*Nyticebus tardigradus*)	(6)	75.0

Les autres singes d'Amérique ont moins de 75.

RAPPORT DE CUISSE PLUS JAMBE AU TRONC ANTÉRIEUR 100
(les chiffres expriment ici aussi des moyennes)

	Badois	(100)	158.5
A	Atèle (*Ateles hybridus*)	(1)	139.0
	Gibbons	(28)	130.7
A	Singe du Tarra	env.	125
	Cynocéphales (*Papio cynocephalus*)	(7)	119.0
	» (*Hamadryas hamadryas*)	(9)	115.0
	Chimpanzés	(8)	113.2
	Gorilles	(2)	113.0
	Orangs	(5)	111.2
	Cynocéphales (*Choiropithecus sphinx*)	(13)	111.0
	Lémuriens (*Lemur catta*)	(3)	110.3
	Macaques (*Nemestrinus nemestrinus*)	(9)	110.2
A	Sajou (*Cebus flavus*)	(1)	107.0
	Cercopithèques ppt dits (*Cenocebus fuliginosus*)	(4)	105.7
	Macaques (*Cynopithecus niger*)	(4)	105.0
	Lémuriens (*Lemur macao*)	(5)	100.6

Les autres singes ont moins de 100.

A un autre point de vue, notre sujet est très proche des atèles, à savoir par les mains antérieures. On peut constater que les pouces en sont non seulement très réduits, mais, semble-t-il, inégaux (le gauche étant mieux formé que le droit) ; or, on observe parfois, chez le brachytèle et les atèles, que les moignons de pouce sont inégaux ou même qu'un des deux manque complètement. Notons que, parmi les anthropoïdés, c'est l'orang-outang qui a les pouces des mains antérieures les plus réduits.

Enfin, il est manifeste, de par l'écartement des narines, que notre sujet se place parmi les platyrhiniens, comme tous les singes du Nouveau Monde, par opposition aux catarhiniens à narines rapprochées, comme tous les singes de l'Ancien Monde.

En résumé, en nous en tenant aux seuls caractères révélés par la photographie, cet être ressemble, parmi les anthropoïdés, à un gibbon géant par la forme du corps, à l'orang-outang par l'aspect des membres et le pelage ; par les proportions des membres, il est également proche des anthropoïdés de l'Ancien Monde et des atèles du Nouveau-Monde ; mais il est platyrhinien, proche des atèles par la réduction des pouces antérieurs ainsi que par le développement et la disposition des parties sexuelles féminines ; il est cependant beaucoup plus grand qu'eux, plus massif, différemment poilu et a le clitoris encore plus développé ; enfin, il a une tête d'apparence plus humanoïde que tout autre singe, anthropoïde ou autre.

Si nous avons affaire à une nouvelle espèce, il n'y a pas à s'étonner que cette espèce présente des caractères mixtes. Qu'on se souvienne de la découverte de l'okapi ! Et l'on peut même dire que presque chaque espèce nouvelle devait paraître présenter, au moment de sa découverte, des caractères mixtes. Avant cependant de munir d'une étiquette ce qui paraît être une nouvelle espèce, nous avons un instant, du fait surtout de la tête humanoïde, émis de par devers nous l'hypothèse suivante, malgré l'impossibilité normale de la chose : aurions-nous affaire à un hybride entre l'homme et le singe, entre une indienne par exemple et un atèle ? Ce qui nous fait rejeter cette hypothèse, c'est que ce singe n'était pas seul. Ils étaient deux, semblables l'un à l'autre. En effet, si nous admettons la réalité de l'être qui est ici devant nous, nous n'avons pas le droit de mettre en doute la déclaration de l'explorateur affirmant que la bête avait un compagnon. Aussi, malgré toute la circonspection que nous savons devoir être de rigueur, nous n'arrivons pas à résoudre le problème autrement qu'en nous disant que nous avons affaire à une nouvelle espèce simienne.

Où allons-nous donc classer cet être ?

Dans *L'Ologenèse humaine* [1], procédant avec plus de précision que ce n'est généralement le cas lorsqu'il s'agit de la généalogie humaine, nous avons adopté une triple hiérarchie dans l'ascendance de l'homme, l'espèce humaine ou l'homme rentrant dans le genre non pas humain, mais hominien (hominien de Neandertal, hominien humain ou homme, etc.), le genre hominien rentrant, avec le genre pithécanthropien et le genre australopithécien, dans la famille des hominidés, la famille des hominidés formant enfin avec celle des singes anthropoïdés, celle des singes pithécidés, celle des singes cébidés, celle des singes hapalidés et celle des lémuridés : l'ordre des primates. Notons que les quatre familles de singes forment plus intimement bloc entre elles que ce n'est le cas avec les lémuridés d'une part, avec les hominidés d'autre part, et que les quatre familles de singes peuvent être réunies deux par deux en deux sous-ordres, les catarhiniens d'une part, comprenant les anthropoïdés et

---

1. 1928. *L'Ologenèse humaine (Ologénisme)*. Paris, Félix Alcan, in-8°, xii-478 p., 21 fig., 14 graphiques, 20 cartes, plus 3 cartes et 14 planches de portraits hors texte. — La présence d'un anthropoïdé en Amérique soutient indirectement la théorie de l'ologénisme ; ce fait abolit l'argument de la répartition des anthropoïdés à la périphérie de l'Ancien Monde — comme s'ils y avaient été chassés par les vagues concentriques de leurs successeurs — argument invoqué comme preuve du berceau de l'humanité en Asie centrale.

les pithécidés, les platyrhiniens d'autre part, comprenant les cébidés et les hapalidés ou singes à griffes. Si le front développé de notre sujet ne résulte pas simplement d'un effet d'optique, il ne serait pas à exclure que cet être fût un hominidé, d'un genre nouveau, à mettre en parallèle avec le genre pithécanthropien. Étant donné cependan' qu'il a non un pied, mais une main postérieure, étant donné que nous n'avons pas le crâne — car la mesure de la capacité cranienne nous paraît devoir être déterminante pour taxer un sujet d'hominidé —, nous ne lui ferons pas, pour l'instant du moins, franchir le stade des anthropoïdés.

En effet, tout en réservant la possibilité que nous nous trouvions simplement devant une nouvelle espèce d'atèle, espèce géante [2], il nous semble bien que c'est parmi les anthropoïdés provisoirement du moins, qu'il doit prendre place. La stature, harmonieuse et massive, le développement apparent cranien parlent pour cette solution. De plus, si le chiffre de trente-deux dents peut reposer sur une interprétation erronée, il n'est pas possible de ne pas tenir compte de la donnée de l'explorateur, selon laquelle l'absence d'appendice caudal était aussi totale que chez l'homme.

Parmi les diverses classifications des singes, celle de Daniel Elliot est aujourd'hui fort répandue. Elle a été adoptée, entres autres, par Gregory et, dans le milieu des anthropologistes, par Giuffrida-Ruggeri. C'est elle aussi qu'adopte, somme toute, M. Bourdelle. Ce dernier supprime même complètement les sous-ordres des catarhiniens et des platyrhiniens, mettant les quatre familles de singes sur un seul rang. Il est clair, dans ce cas, que notre être représenterait un nouveau genre de la famille des *Anthropoidae* ou *Anthropomorphae* ou *Pongidae*.

Mais la classification d'Elliot nous paraît avoir une terminologie bien malheureuse ; c'est ainsi qu'il appelle *Anthropoidea* l'ensemble des singes dans lesquels il fait du reste rentrer le pithécanthrope, qu'il appelle *Simiidae* l'ensemble des singes anthropoïdes, etc., etc., renversant pour ainsi dire la terminologie habituelle. Sans utiliser de termes latins, nous nous sommes rallié *grosso modo*, dans *L'Ologenèse humaine*, à la classification donnée par Rodolphe Martin, qui est de son côté celle du zoologiste Weber, et, *nota bene*, aussi celle de Heck dans la seconde édition allemande de Brehm, cette classification paraissant la plus propre aux fins de l'anthropologiste. Mais pour baptiser le nouvel être, nous utiliserons la terminologie latine.

---

1. Ce pourrait être une espèce géante nouvelle, mais pas un individu géant d'une espèce connue, car notre sujet ne présente pas de caractères de gigantisme (tels que tête et extrémités anormalement développées).

Comme nous maintenons les deux sous-ordres des catarhiniens et des platyrhiniens — les caractères du nouvel être, qui représente un cas de parallélisme, paraissent même nécessiter ce maintien —, une nouvelle famille est à créer dans le sous-ordre des platyrhiniens ; le meilleur terme nous paraît être celui de *Amer-anthropoidae* et cette famille fera pendant aux *Anthropoidae* ou *Anthropomorphae* ou *Pongidae* catarhiniens de l'Ancien Monde. Cette famille des *Amer-anthropoidae* ne comprendra jusqu'ici qu'un genre : *Amer-anthropoides*. Nous ne connaissons en effet pas le terme par lequel les habitants de la forêt désignent cet être et nous appelons maintenant l'espèce du nom de celui qui l'a découverte et nous a procuré la possibilité de faire cette présentation : *Amer-anthropoides Loysi*.

Au moment de la rédaction de ces pages, M. Vosy-Bourbon, bibliothécaire de la Société des Américanistes de Paris, nous donne connaissance du document suivant. Il est extrait et traduit de *Il Palacio* (Santa Fé, Nouveau Mexique), t. 25, sept. 22-29, 1928, p. 188-189, qui lui-même l'a extrait de *Science Service*.

ARCHÉOLOGIE AMÉRICAINE

Statues rappelant le gorille au Yucatan.

De monstrueuses statues de pierre semblables au gorille, provenant de la contrée sans gorilles des Maya, sont une des curiosités inexpliquées du Musée archéologique et historique de Merida (Yucatan). Il y a deux de ces créatures, sans jambes, mais se tenant debout, d'une stature de plus de 5 pieds, sur leurs moignons de cuisses..... elles ont été trouvées près de la ville de Tekax, Yucatan..... Une des statues semble bisexuelle, car, tandis qu'elle a les caractéristiques masculines, elle porte un enfant sur le bras gauche, comme une mère. Les figures ont une position simienne frappante. Elles ont des sourcils prononcés, de larges poitrines et un dos voûté anthropoïde, représentant des créatures d'un physique puissant. Il n'y a pas trace de légendes qui expliquent leur signification, et les habitants de Tekax savent seulement que les statues de pierre étaient depuis très longtemps dans leur site isolé sur la colline. — Emma Reh Stevenson dans *Science Service*.

Des pseudo-gorilles, ce pourrait être notre *Amer-anthropoides*. Des caractéristiques masculines d'une femelle, ce pourrait être le clitoris développé comme un membre viril. Nous avons demandé à la Direction du Musée de Merida qu'elle voulût bien nous faire parvenir les photographies des dites statues.

D'autre part, M. Eugène Chabanier nous communique ce passage, tiré et traduit du chapitre 95 de la *Crónica del Perú* de Pedro Cieza de León (milieu du 16e siècle).

On dit aussi qu'en d'autres endroits il y a (mais pour moi je ne les ai pas vues) des guenons très grandes qui vont dans les arbres et dont (tentés par le démon qui cherche où et comment faire commettre aux Hommes les péchés les plus grands et les plus graves) des indigènes usent comme de femmes, et, affirme-t-on, certains de ces singes auraient accouché de monstres qui avaient la tête et les organes sexuels d'hommes et les pieds et mains de singes. Ils ont, dit-on, le corps petit et une grande stature, ils sont velus. Ils ressembleraient enfin (s'il est vrai qu'ils existent) au démon leur père. On dit en outre qu'ils n'ont pas de langage, mais un gémissement ou un aboiement plaintif.

La région des Motilones paraît enfin recéler, encore aujourd'hui, des pygmées. Sans parler d'un autre passage de Cieza de León (chap. 74) les données de Kollmann [1] sont confirmées par les observations simultanées de P. Rivet et de E. Nordenskiöld faites sur des films de Bolinder. La théorie de l'ologénisme y trouvera, à notre sens, un nouvel appui et, de toute façon, les confins colombo-vénézuéliens méritent de plus amples investigations.

Attendons !

1. 1902. *Pygmäen in Europa und America* (Braunschweig) *Globus*, t. 81, p. 325-327.

PRINCIPAUX ARTICLES PARUS
DANS LES DERNIERS TOMES DU
JOURNAL DE LA SOCIÉTÉ DES AMÉRICANISTES.

DEUXIÈME SÉRIE.

Tome XV (1923), xx-448 p., 60 fr.

H. Cordier. Henry Vignaud (1 pl.). — J. Williams. The name « Guiana ». — E. Sapir. The Algonkin affinity of Yurok and Wiyot kinship terms. — L. Capitan. Un manuscrit judiciaire de 1534 nahuatl-espagnol (2 pl.). — L. Langlois. Étude sur deux cartes d'Oronce Fine de 1531 et 1536 (2 fig., 1 pl.). — C. Tastevin. Les Makú du Japurá; Les pétroglyphes de La Pedrera, río Caquetá (Colombie) (18 fig.). — G. de Créqui-Montfort et P. Rivet. La famille linguistique takana (fin). — H. Arsandaux et P. Rivet. L'orfèvrerie du Chiriquí et de Colombie (1 pl.). — P. Rivet. L'orfèvrerie précolombienne des Antilles, des Guyanes et du Venezuela, dans ses rapports avec l'orfèvrerie et la métallurgie des autres régions américaines (1 fig., 1 carte). — C. Nimuendajú et E. H. do Valle Bentes. Documents sur quelques langues peu connues de l'Amazone. — M. de Villiers. Notes sur les Chactas d'après les journaux de voyage de Régis du Roullet (1729-1732).

Tome XVI (1924).

R. Le Conte. Les Allemands à la Louisiane au xviiie siècle. — P. Rivet. La langue Tunebo (1 carte); La langue Andakí; Les Indiens Canoeiros (1 carte). — Ph. Marcou. Le symbolisme du siège à dossier chez les Nahua.— R. Schuller. The oldest known illustration of South American Indians (1 fig.). — Ch. Peabody. Certain specimens in stone from the vicinity of Kerrville, Texas, United States (10 fig.). — M. de Villiers. La Louisiane de Chateaubriand (2 cartes); Une vente de terrain ou Gregor Mac Gregor « cacique des Poyais » (2 fig.), — H. ten Kate. Notes d'anthropologie sud-américaine (1 fig.). — E. Nordenskiöld. Des flèches à trois plumes d'empenne en Amérique du Sud (1 fig.). — C. Nimuendajú. Os Indios Parintintin do Rio Madeira (1 carte, 10 fig.). — A. Sauvageot. Eskimo et Ouralien. — P. Radin. The relationship of Maya to Zoque-Huave. — J. Joleaud. L'histoire biogéographique de l'Amérique et la théorie de Wegener (1 fig., 17 cartes).

Tome XVII (1925), xxi-509 p., 60 fr.

R. Lenoir. Les fêtes de boisson en Amérique du Sud. — P. Radin. The distribution and phonetics of the Zapotec dialects. — A. Guimarães. Os Portuguezes na conquista do Novo Reino de Granada. — E. B. Renaud. Notes sur la céramique indienne du sud-ouest des États-Unis (1 carte); Fabrication de la céramique indienne du sud-ouest des États-Unis. — M. de Villiers. Extrait d'un journal de voyage en Louisiane du Père Paul du Ru (1700). — C. Nimuendajú. As tribus do alto Madeira. — G. Montell. Le vrai poncho, son origine postcolombienne (2 fig.). — E. Sapir. Pitch accent in Sarcee, an Athabascan language. — A. Hultgren. Microscopical investigation of a bell from Mexico (1 planche). — G. de Créqui-Montfort et P. Rivet. La langue Uru ou Pukina (1 carte). — R. Ricard. Sur la politique des alliances dans la conquête du Mexique par Cortés. — L. Capitan. La 21e session du Congrès international des Américanistes. — E. Nordenskiöld.

Tome XVII (1925), xxi-509 p., 60 fr.

R. Lenoir. Les fêtes de boisson en Amérique du Sud. — P. Radin. The distribution and phonetics of the Zapotec dialects. — A. Guimarães. Os Portuguezes na conquista do Novo Reino de Granada. — E. B. Renaud. Notes sur la céramique indienne du sud-ouest des États-Unis (1 carte); Fabrication de la céramique indienne du sud-ouest des États-Unis. — M. de Villiers. Extrait d'un journal de voyage en Louisiane du Père Paul du Ru (1700). — C. Nimuendajú. As tribús do alto Madeira. — G. Montell. Le vrai poncho, son origine postcolombienne (2 fig.). — E. Sapir. Pitch accent in Sarcee, an Athabascan language. — A. Hultgrén. Microscopical investigation of a bell from Mexico (1 planche). — G. de Créqui-Montfort et P. Rivet. La langue Uru ou Pukina (1 carte). — R. Ricard. Sur la politique des alliances dans la conquête du Mexique par Cortès. — L. Capitan. La 21ᵉ session du Congrès international des Américanistes. — E. Nordenskiöld. Au sujet de quelques pointes, dites de harpons, provenant du delta du Paraná (2 fig.). — L. C. van Panhuys. Contribution à l'étude de la distribution de la serrure à chevilles.

Tome XVIII (1926), xxvi-537 p., 60 fr.

J. de Angulo. L'emploi de la notion d' « être » dans la langue Mixe. — E. C. Parsons. Cérémonial Tewa au Nouveau Mexique et en Arizona. — M. de Villiers. Recettes médicales employées dans la région des Illinois vers 1724. R. Ricard. Un document inédit sur les Augustins de la province du Mexique en 1563. — E. Nordenskiöld. Le calcul des années et des mois dans les quipus péruviens (4 fig.); Miroirs convexes et concaves en Amérique. — José Garcia de Freitas. Os Indios Parintintin (1 fig.). — Sofus Larsen. La découverte de l'Amérique, vingt ans avant Christophe Colomb. — L. Giraux. Gravures coloriées sur dents de morse des Esquimaux de l'Aláska (1 planche en couleurs, 1 fig.). — G. de Créqui-Montfort et P. Rivet. La langue Uru ou Pukina (suite). — P. Rivet. Les Malayo-Polynésiens en Amérique. — Walther Staub. Le nord-est du Mexique et les Indiens de la Huaxtèque (1 planche, 2 fig., 1 carte). — Argeu Guimarães. Os Judéus portuguezes e brasileiros na America hespanhola (1 fig.).

Tome XIX (1927), xxix-559 p., 60 fr.

J. de Angulo. Texte en langue pomo (Californie). — E. Conzemius. Los Indios Payas de Honduras. Estudio geográfico, histórico, etnográfico y lingüístico. — G. de Créqui-Montfort et P. Rivet. La langue Uru ou Pukina (suite). — R. de Kérallain. Bougainville à l'escadre du comte d'Estaing, guerre d'Amérique, 1778-1779. — W. C. MacLeod. Some social aspects of aboriginal american slavery. — A. Métraux. Migrations historiques des Tupi-Guaraní (1 carte); Le bâton de rythme. Contribution à l'étude des éléments de culture d'origine mélanésienne en Amérique du Sud (1 fig., 1 carte). — G. Montandon. Une descente chez les Havazoupaï du Cataract Canyon (1 carte, 1 fig., 8 planches). — Ch. Peabody, Red paint. — D. A. Smith et Leslie Spier. The dot and circle design in northwestern America (1 carte). — H. Trimborn. Die Gliederung der Stände im Inka-Reich.

Tome XX (1928), xxxii-589 p., 60 fr.

F. Blom. San Clemente ruins, Peten, Guatémala (Chichantum) (2 fig.). — E. Conzémius. Los Indios Payas de Honduras (suite). —, R. de Kérallain. Bougainville à l'armée du comte de Grasse, guerre d'Amérique, 1781-1782. — S. Linné. Les recherches archéologiques de Nimuendajú au Brésil (1 carte, 6 fig., 2 planches). — R. Lehmann-Nitsche. Le mot « gaucho », son origine gitane. — J. Lombard. Recherches sur les tribus indiennes qui occupaient le territoire de la Guyane française vers 1730 (d'après les documents de l'époque) (2 cartes). — W. C. MacLeod. The suttee in North America : its antecedents and origin. — A. Métraux. Une découverte biologique des Indiens de l'Amérique du Sud : la décoloration artificielle des plumes sur les oiseaux vivants (1 carte). — E. C. Parsons. Spirit cult in Hayti. — J. Williams. The Warau Indians of Guiana and vocabulary of their language.

NOTA. — Chaque tome renferme en outre de nombreuses nouvelles américanistes, des analyses des travaux récemment parus se rapportant aux études américaines, et, depuis le tome XI, une bibliographie américaniste complète publiée sous la direction de M. P. Rivet.

MACON, PROTAT FRÈRES, IMPRIMEURS. — MCMXXIX.